U0347890

新中式风格样板房设计
NEO-CHINESE STYLE
SHOWFLAT DESIGN

北京大国匠造文化有限公司 编

中国林业出版社

图书在版编目（ＣＩＰ）数据

新中式风格样板房设计 / 北京大国匠造文化有限公司 编 . -- 北京 : 中国林业出版社 , 2018.5

ISBN 978-7-5038-9449-7

Ⅰ . ①新… Ⅱ . ①北… Ⅲ . ①住宅－室内装饰设计－图集 Ⅳ . ① TU241-64

中国版本图书馆 CIP 数据核字 (2018) 第 037594 号

中国林业出版社 · 建筑分社
策　　划：纪　亮
责任编辑：纪　亮　　王思源　　樊　菲

出版：中国林业出版社（100009 北京西城区德内大街刘海胡同 7 号）
网站：lycb.forestry.gov.cn
印刷：北京利丰雅高长城印刷有限公司
发行：中国林业出版社
电话：（010）8314 3518
版次：2018 年 5 月第 1 版
印次：2018 年 5 月第 1 次
开本：1/16
印张：19
字数：150 千字
定价：320.00 元

样板房的前世今生

样板房是商品房的一个包装，也是购房者装修效果的参照实例。样板房除了能把你今后的家居生活，活灵活现的勾画在你面前，让你看到前沿的设计潮流，还可以把新房的房间空旷感缩小，使你更真切地感受以后的生活空间。

从房地产的发展状况来看，房地产开发商在早期的项目开发上，是没有样板房这个概念的，其开发意识纯粹是为了满足人们简单基本的居住需求。直到房地产发展到一定阶段时，地产开发才从最初的粗放型向规划型转变，才开始有了样板房，不过，这种"样板房"只是一般的装修处理，在装修设计上，几乎没有融入什么概念，换句话说，这种样板房，其实就是一般的装修房。随着房地产市场的逐渐成熟以及购房客户的理性置业，样板房的设计和装修，才算进入了真正意义上的文化思维理念。

开发商设置样板房是以展示促销为目的的，为保证样板房的整体视觉效果，往往不考虑装饰成本，在材料使用上也力求尽善尽美，不惜重。家具、厨卫设备也极其高档，都是厂家为样板房"量身定做"，再加上灯光效果的运用，如果购房者的装修预算没有这么高的话，是无论如何也达不到这种效果的。为了取得更好的装修效果，吸引购房者，样板间的门窗和配套设施的品牌档次一般较高。

样板房不同于一个花瓶，不只是作为简单的展示，而是楼盘风格与文化的一种再现，透过样板房，能让购房者感受到一种良好的居家氛围，一种使人倍感舒适的生活方式。因此，好的设计师会把真实与想象空间二合为一，具体来讲就是运用和可以感觉到的光线与影像去表达设计意念，为了强化设计构思也常常使用新的材料、新技术，但主要着力点在于不断追寻新的创意，不断地挖掘楼盘本身的文化内涵。

毕竟一个好的样板房，在很大程度上能让人们品味到居住文化的内涵，更多是激起购房客户的购买欲望，使开发商在项目销售上占据先机，从而赢得很好的经济和社会效益。出于这样的考虑，不少开发商，过多地追求了样板房的"超凡脱俗"，同时也脱离了楼盘本身的客户定位或说楼盘的内在质素。过于超前的装修风格，也让不少购房客户感到样板房在实际的运用上，离居家文化越走越远。

我们倡导理性消费，更希望在当下的居住生活里体会到绿色低碳的产品带给我们的幸福和美好。在样板房设计的潮流中，我们希望看到越来越多的注入文化特色和创新思维的好作品，让样板房真正发挥它在一个行业里引领消费的作用。

本书收录了最近两年亚太地区、尤其是中国地区的部分具有代表性的样板房设计作品，虽然说他们不能完全代表亚太地区这个时期样板房发展的现状，但至少透过这些作品，我们可以看出这个地区样板房发展的一些端倪。亚洲目前是世界经济发展的热点，亚洲的房地产行业在全世界也是发展最快、最活跃的一股力量，作为配套的服务项目——样板房的设计市场之大、前景之好无需多言，有理由相信，在不久的将来，亚太地区，尤其是中国，我们的设计将代表潮流，引领世界！

目　录　/新中式风格8～237页/东南亚风格238～299页/

目　录　/新中式风格8～237页/东南亚风格238～299页/

NEW CHINESE STYLE

新中式风格

归塑居住空间本质，如阳光、水体、绿植、自由的空气、愉悦、美好等等有形和无形的体。从而探寻东方空间的气质美学，着重是文化氛围和精神归属感的营造。

承载古典精髓 建构东方思想

佛山中海千灯湖1号样板房

开发商：中海地产佛山公司
室内设计：深圳市水平线空间环境艺术设计有限公司
项目地点：广东 佛山

主设计师：琚宾
项目面积：300平方米
主要材料：西班牙米黄、烤漆板、木地板、钢、软包

收稿时间：2013年
供稿：琚宾
采编：黄安定

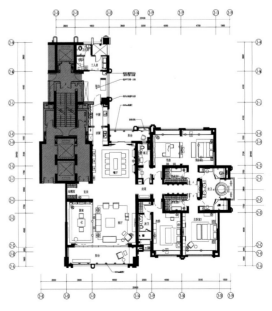

平面布置图

设计师在延续建筑Art Deco的建筑风格，承载古典精髓，室内空间的设计在解决了功能合理性之后，如何去建构东方思想中气质美学，如何将这种美学转化在空间之中，使文化的气质与功能形式的建构内在秩序的一致性。

归塑居住空间本质，如阳光、水体、绿植、自由的空气、愉悦、美好等等有形和无形的体。从而探寻东方空间的气质美学，着重是文化氛围和精神归属感的营造。

在陈设配饰上，以东方文化背景为出发点，通过不同程度和力度使用东方元素（竹、瓷器、王怀庆的绘画、丝绸面料等等），而达到颠覆大家对原有的常规看法，体现材质本身和背景的对比以及文化属性的传递，使其在拥有国际面孔的同时依然带给居住者东方式情感的体验。

本案以"玉蕴"为概念，将璞玉的气质与故宫的传统经典建筑形式，结合度假的自然感觉，透过玉石、木纹、金属、壁布等材料的砌合，表达当代东方美学气质。将当代与东方，时尚与经典，内蕴与大气，共融为独特的东方美学气质，从线条到材质，从色彩到空间布局，将精致的细节与品质融入到空间中，来展现一种精致东方精神。

细节与品质展现精致东方精神

北京燕西华府样板房

开发商：北京西海龙湖置业有限公司　　主设计师：琚宾　　收稿时间：2013年
室内设计：深圳市水平线室内设计有限公司　　项目面积：846平方米　　供稿：琚宾
项目地点：北京　　主要材料：文化石、手扫漆、实木地板、瓷砖、饰面板　　采编：黄安定

负一层平面布置图

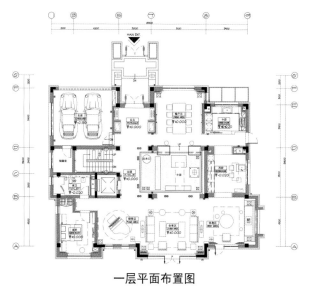

一层平面布置图

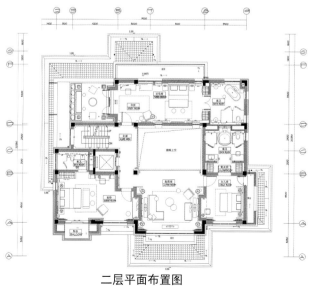

二层平面布置图

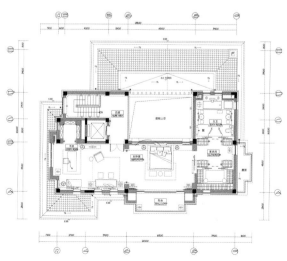

三层平面布置图

本案在空间的设计形式方面从玉的五种自然属性来入手，将玉的质地、光泽、色彩、组织以及意蕴与空间的形式、材质、色调、景观一一对应。户外景观的自然设计，移步换景的手法，给空间带来了丰富多变的视觉延伸。

坚韧的质地，空间中强调竖线线条与空间体块微妙的层次之美。晶润的光泽，应用漆面、玻璃、金属质感的材质的运用，强调当代时尚与玉质的碰撞，呈现出符合当代审美情趣的空间。灵动的色彩，空间中软装方面以优雅精致的面料和丰富的材质交相辉映，呈现空间的时尚与雅致。致密而透明的组织，将传统建筑窗棂的形式重新解构，形成半透与不透的层次关系。舒畅致远的声音，中庭自然的水体与光的倒影形成空间中的空间，似一曲"趣远之心"。

可观，可游，可赏，体现度假式的自然。

东方式审美习惯在大繁若简、浓妆淡抹之间灵活转换，客厅空间以深褐色为主调，加上不同材质的肌理，使整个空间静谧却不显死板，敦厚典雅而不失高贵。深褐色的木饰面配以风格独特的中式家具，突显着扑面而来的中式意蕴。空间本无言，但其本身却有意、有境，通过对空间的处理达到一种宽、静、禅、空灵的意境，祥和、安逸的氛围萦绕其中，给业主带来一种强烈的心灵归属感。

空间无言 但有意境

株洲嘉盛华庭样板间

开发商：湖南嘉盛房地产开发有限责任公司　　主设计师：徐攀　　　　　　　　　收稿时间：2013年
室内设计：徐攀室内设计工作室　　　　　　　项目面积：约150平方米　　　　　　供稿：富通房地产开发有限公司
项目地点：湖南　株洲　　　　　　　　　　　主要材料：墙漆、仿古砖、墙纸、柚木、钢化玻璃、实木地板　　采编：普吉果

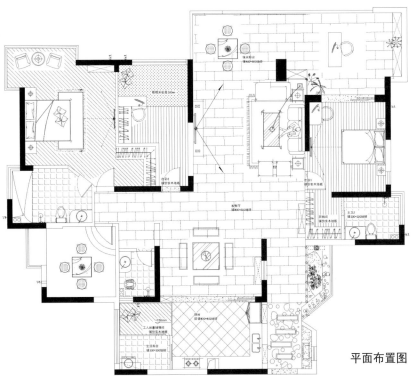

"蝉噪林愈静，鸟鸣山更幽"。

当我们在享受文明、快捷发展所带来的便利的同时，也必须忍受由此造成的喧闹嘈杂，社会生存各方面所带来的巨大压力。如何身处喧闹尘世中却又能够保持内心的安静祥和，感受平时被忽略的一切，享受过去那种悠然、宁静、质朴、回归自然的生活。

本案把空间比喻成蕴藏有玉的石头，从未雕琢的玉，去掉外饰还有本质，恢复原来的自然状态。步入居室空间中，方形黑色木框，硬朗的直线家居，甚至青花瓷饰品都好像挥洒在白色宣纸上，饱蘸浓墨的一横、一竖、一点，人文气息跃然纸上。空间中随处流淌着设计者还现象于本真，道法自然的设计理念，它是空间的灵魂与精髓，着重的是文化氛围和精神归属感的营造。

小隐隐于野，大隐隐于市，只为居者找到一种心灵回归之感。

平面布置图

本案设计师将古典融入到现代，在多元文化的影响下，简洁的图案造型加上现代的材质和工艺，古典的装饰氛围搭配现代的典雅灯具，宣泄出奢华的时尚感。演变简化的线条套框中带有独特的车边茶镜，运用简洁大方的设计理念形成丰富多彩的"空间节奏感"。设计形式较为简洁的壁炉同样完美地结合到整个空间当中，它所体现的质感及浪漫的简洁之美，融合新古典与现代的技术手法，彰显其气质。

现代生活里的古朴意境

富阳野风·山别墅样板间

开发商：富阳野风乐多房地产开发有限公司　　主设计师：孙洪涛　　　　　　收稿时间：2013年
室内设计：浙江亚厦设计研究院有限公司　　　项目面积：350平方米　　　　供稿：孙洪涛
项目地点：浙江 杭州　　　　　　　　　　　主要材料：新古堡灰、雅士白、、玻龙壁布、橡木、直纹柚木　　采编：黄安定

31

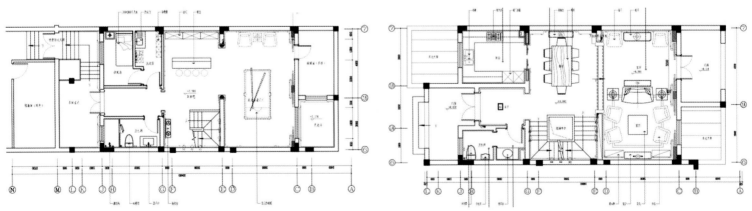

负一层平面布置图   一层平面布置图

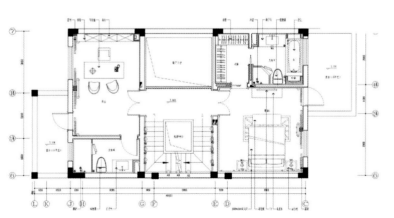

二层平面布置图

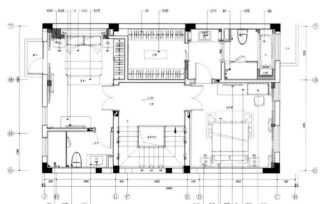

三层平面布置图

在多元文化的影响下，设计师将古典融入到现代，简洁的图案造型加上现代的材质和工艺，古典的装饰氛围搭配现代的典雅灯具，渲染出奢华的时尚感。演变简化的线条套框中带有独特的车边茶镜，通过简洁大方的设计理念形成丰富多彩的"空间节奏感"。设计形式较为简洁的壁炉同样完美地结合到整个空间当中，它所体现的质感及浪漫的简洁之美，融合新古典与现代的技术手法，彰显其气质。客厅内，造型简洁的浅色沙发与深色的墙面、方正而又带优美曲线的茶几和欧式花纹地毯形成视觉冲击，达到通过空间色彩以及形体变化的挖掘来调节空间视点的目的。

踏着灰木纹石地面，你会发现整个客厅与餐厅都是由一些深浅灰白色调的方形或菱形图案组合搭配的，同时交织出空间的层次和趣味。

本案采用新亚洲风格带着江南精致雅韵的文化气质，结合巧妙的空间设计，融入传统与流畅为一体，打造奢华又不失底蕴的居住空间。细节丰富，空间流畅，材质高档。动感明确，功能完善，视觉优美，达成形式和内容的统一，功能和美感的完美结合。

古朴意境里的现代奢华

苏州太湖高尔夫山庄别墅样板房

开发商：江苏仁泰地产发展有限公司　　主设计师：萧爱彬　　收稿时间：2012
室内设计：萧氏设计　　项目面积：280平方米　　供稿：萧氏设计
项目地点：江苏　苏州　　主要材料：沙安娜米黄、红樱桃木、白樱桃木、银铂　　采编：普吉果

本案采用新亚洲风格带着江南精致雅韵的文化气质，结合巧妙的空间设计，融传统与流畅为一体，打造奢华又不失底蕴的居住空间。细节丰富，空间流畅，材质高档。动感明确，功能完善，视觉优美，达成形式和内容的统一，功能和美感的完美结合。入室即是通透的玄关，尤其是客厅的窗户，门洞形装饰，全开放式的落地大窗充分展示中庭风景，视线明亮、通透，完全契合亚洲文化讲究的"明窗净室"。客厅简洁明快的空间中，一面以禅意的格栅为墙装饰，与另一面以城墙式的百宝阁做墙的展示遥相呼应，配合着柔和灯光效果，呈现出亦古亦今的空间氛围。大气的展示书格，配以古典简约的陶瓷饰品，将整个自然、含蓄的空间表达得淋漓尽致。卧室床头背景墙延续禅式格栅与床材质融为一体，营造出中式家居氛围，中式矩形餐桌展现餐厅的中式风情，桌椅具有中国明清家具形态的同时也兼具了现代简约家具的利落。明式圈椅、西式沙发、贵妃椅相结合，丰富的线条，犹如画笔般勾勒出简单的奢华，尽显精致与典雅。

室内的家具、陈设搭配等都用了不同的风格，没有太多着意的东方元素，却又处处散发着东方的意韵。各种设计元素经过设计师精心搭配，呈现出更加丰富的视觉效果。餐厅中的家具和装饰均以其优雅、唯美的姿态呈现出来。整个空间尽显高雅与简洁，同时具有深厚的文化底蕴。精致中的随意，休闲中的优美，只赋予懂得生活品位的人。

独特的新东方气息

南京中海凤凰熙岸样板房

开发商：中海集团有限公司　　　　主设计师：琚宾　　　　　　　　收稿时间：2013年
室内设计：HSD水平线空间设计　　项目面积：380平方米　　　　　供稿：中海集团有限公司
项目地点：江苏 南京　　　　　　　主要材料：西班牙米黄、珍珠米黄、铁刀木、壁布、黑钢、钛金　　采编：普吉果

该空间明亮、通透，洋溢着独特的新东方气息。整个空间墙面的凸显和强化线条的运用，形成空间的筋骨，给人以精气神的韵味，干练且有张力。客厅中，造型别致的茶几、吊灯、风格各异的装饰，以细腻含蓄的创意细节勾勒出空间的美感。欧美的简洁自然和东方气质的装饰物结合，点滴的细节中尽显时尚，提升了空间的艺术品位。

室内的家具、陈设搭配等都体现了不同的风格，没有太多着意的东方元素，却又处处散发着东方的意韵。各种设计元素经过设计师灵活运用，呈现出更加丰富的视觉效果。餐厅中的家具和装饰均以其优雅、唯美的姿态呈现出来。整个空间尽显高雅与简洁，同时具有深厚的文化底蕴。精致中的随意，休闲中的优美，只赋予懂得生活品位的人。

一层平面布置图

二层平面布置图

本案在设计造型上，通过对中国传统的绘画艺术、篆刻艺术的重新演绎，如行云流水、意形绘象、空灵 。 而几件古老的陶俑艺术品置于其中，似在讲述一个古老的传说，顿时打破了空间的"宁静"。整个空间犹如音乐、犹如绘画，总有一处特别牵动人心。随着体验加深，触动了更丰富的感觉。纵观整个空间收与放、动与静、高与底、藏与露、虚与实、所有的激撞与对比都轻盈地消逝在一缕清风之中，在整个空间充满着静气，有一种身心无忧的静悦。

如行云流水 意形绘象

株洲山水国际样板间

开发商：湖南惠天然房地产开发有限公司　　主设计师：徐攀　　　　　　　　　收稿时间：2013年
室内设计：徐攀室内设计工作室　　　　　　项目面积：约200平方米　　　　　　供稿：徐攀
项目地点：湖南 株洲　　　　　　　　　　主要材料：文化石、手扫漆、实木地板、瓷砖、饰面板　　采编：黄安定

本案居室采用的是开阔式的空间设计，将山、水、云这一概念化表达的自然环境意象贯穿家居，并把室内放大到了室外，消除了内外的心理界限。

在设计造型上，通过对中国传统的绘画艺术、篆刻艺术的重新演绎，如行云流水、意形绘象、空灵。而几件古老的陶俑艺术品置于其中，似在讲述一个古老的传说，顿时打破了空间的"宁静"。整个空间犹如音乐、犹如绘画，总有一处特别牵动人心。

随着体验加深，触动了更丰富的感觉。纵观整个空间收与放、动与静、高与底、藏与露、虚与实、所有的激撞与对比都轻盈地消逝在一缕清风之中，在整个空间充满着静气，有一种身心无忧的静悦，令人舍形而悦影。

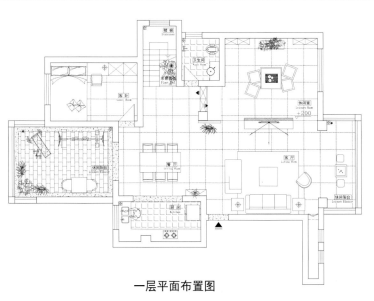

一层平面布置图

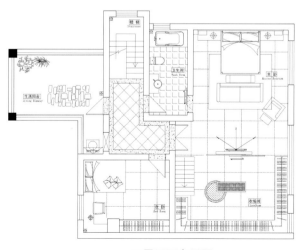

二层平面布置图

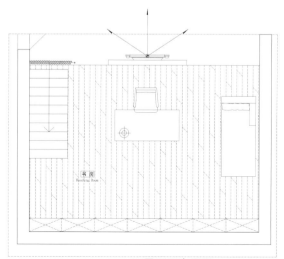

三层平面布置图

在喧嚣的都市生活中，人们日益渴求内心的宁静。该样板房运用新东方主义设计风格，摒弃了纷繁复杂的墙面、天花造型，结合材质本身的质感和颜色，以及配合深色木纹的现代中式家具、锦缎刺绣的装饰画和皮面抱枕等软装饰品的点缀，体现出空间的层次感以及浓厚的中国风特色。

喧嚣都市生活中内心的宁静

苏州太湖天城别墅B户型样板房

开发商：花样年华集团（中国）有限公司
室内设计：深圳市昊泽空间设计有限公司
项目地点：江苏 苏州

主设计师：韩松
项目面积：500平方米
主要材料：墙漆、仿古砖、柚木、钢化玻璃、实木地板

收稿时间：2012年
供稿：花样年华集团（中国）有限公司
采编：曾吉果

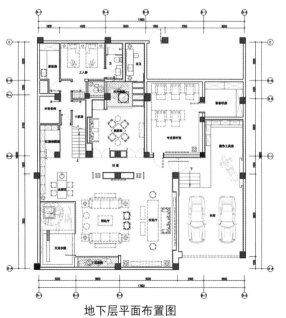

地下层平面布置图

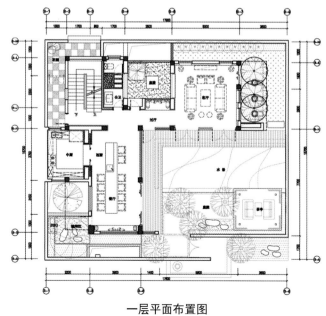

一层平面布置图

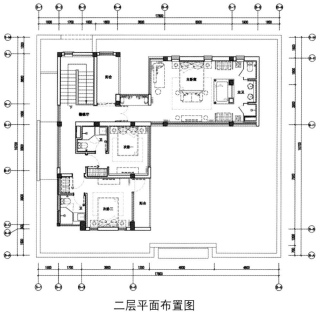

二层平面布置图

设计师巧妙地将现代的设计手法和大量的中式元素融入室内，化解了大户型空间的空洞和不安全感。进入室内，古朴、温馨、自然的气息扑面而来，入眼所见的字画、瓷器以及古典木制家具，都沉淀着浓郁的文化底蕴。博古架和多宝格划分出的通透玲珑里，藏着犹抱琵琶半遮面的美丽，用它来摆设现代雕塑别有一番韵味。深色的木纹家具、线条感强烈的格架、中国风十足的锦缎刺绣画、明黄色的墙面、素雅的中式地毯和沙发，简洁与细腻交织在一起，彰显了中国文人刚中带柔的优良品质。文人的居所当然离不开茶与书。书架上的藏书与各式造型别致的茶具相得益彰，好像天生就该如此，搭配着案台上清雅圆润的青花瓷，东方韵味不知不觉已倾泻满屋。东方主义风格的卧室布置内敛却不失个性，壁纸、框画和地毯的设计在视觉上早现出强烈的中式美感。如此惬意的居所，一方小茶几，两三个松软坐垫，邀上三五好友，观景，论书，品茗，对弈，好不优雅自在！

一道精美雕花屏风、一幅折扇图案挂画、一抹微黄的光亮、两三盏瓷器台灯，透着浓浓的东方风情。流连其中，沉醉在那浓郁的古雅芳香中。

传统中透着现代 现代中糅着古典

佛山凯德城脉"瓷韵"样板房

开发商：凯德置地（中国）投资有限公司
室内设计：广州道胜设计有限公司
项目地点：广东 佛山

主设计师：何永明
项目面积：134平方米
主要材料：雅士白大理石、灰木纹大理石、水曲柳木饰面、奥斯卡玫瑰石

收稿时间：2012年
供稿：凯德置地（中国）投资有限公司
采编：普吉果

客厅中安静的搁架上，清雅圆润的陶瓷宛若江南秀女自顾自美丽。古典的中式高脚椅，像是护城河畔的骑士守护着空间的宁静与惬意。走廊处增添的一排排木柜，如一位位长者，精心呵护着主人的收藏。卧房中，一道精美雕花屏风、一幅折扇图案挂画、一抹微黄的光亮、两三盏瓷器台灯，透着浓浓的东方风情。正所谓流连其中，沉醉在那浓郁的古雅芳香中。移步主卫，满地石材铺成，那细致的纹理，传统中透着现代、现代中揉着古典，营造出浓厚的文化艺术氛围。

古老的东方拥有着不朽的神韵，若隐若现，总是散发着一股神秘的气息，在时光轮转与物换星移中，沉淀出雅致、内敛的气质。

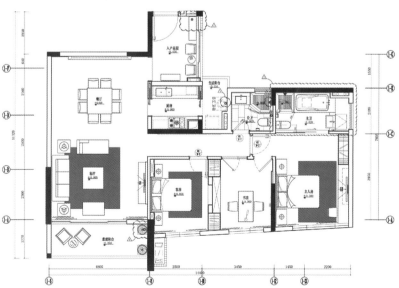

平面布置图

本案以东方时尚为题，立于空间中，每步的驻足、仰望的视角，皆隐含机能与美感的平衡；客、餐厅形成对应空间，应用板岩木皮延伸两侧壁柜，完美包覆住隐藏式收纳柜体……进入空间时，感受到轻盈的年轻气息；此设计中，每个空间 、家私及界面扭转了调性，完美打造出兼具修美、内敛、涵美的居住环境。

新东方时尚之美

新东方时尚英桥帝景样板间

开发商：英桥帝景项目开发公司　　　　主设计师：钟晴　　　　收稿时间：2012年
室内设计：伏见设计事业有限公司　　　项目面积：270平方米　　供稿：钟晴
项目地点：台湾 桃园　　　　　　　　主要材料：大理石、木质地板、壁纸、壁布、玻璃、铁件　　采编：黄安定

以东方时尚为题，立于空间中，每步的驻足、仰望的视角，皆隐含机能与美感的平衡；客餐厅形成对应空间，运用板岩木皮延伸两侧壁柜，完整包覆住隐藏式收纳柜体；客厅沙发后方以雕花茶镜营造出柔和空间质感，电视墙面勾勒出古典线条，让空间中更显优雅，餐厅家具利用白色色系，更增添出空间的雅致与人文并存的风格；餐厅以黑镜为辅，增加空间感，摆设富含中国元素的书作，特地选用大理石桌与仿明式座椅，并以铝件吊灯为主要灯源，于木质空间嵌入金属元素；书房则以落地格栅书架，利用铁件造型框架，使视觉印象增添律动性，并利用空间优势，保留大面采光，自然光线让主人在阅读时，能拥有更舒适的休息时光；卧室延续木质色调与手法外，主卧筑起仿海岛床框，利落线条也是东方元素的重要呈现；次卧以简约、低调的木件，并保留空间的最大值；卧室则以银灰色的几何图腾壁纸铺满满室，带入天空蓝的色系，让进入空间时，感受到轻盈的年轻气息；此设计中，每个空间、家及界面扭转了调性，完美打造出兼具修养、内敛、涵养的居住环境。

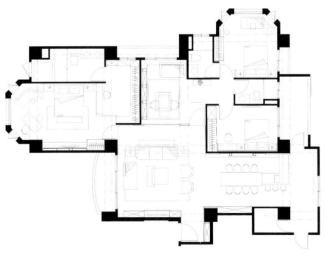

平面布置图

中式的设计元素在这里随处可见，客厅隔断上精美的祥云实木雕花，古韵十足的太师椅，典雅的中式落地灯，以及餐厅墙面上造型独特的木雕，包括茶几上那别致有趣的茶壶与茶碗，无不流露着翩翩古风。那偶然出现的一点红，一抹绿又丰富了空间的色彩关系。设计师用现代的材料演绎着东方古韵；用现代的设计思路来处理每一样中式的元素与符号；用现代的设计语言来表达对一种文化的理解与感受。

现代设计语言　诠释东方文化意蕴

深圳市玉湖湾样板房

开发商：深圳市玉湖房地产开发有限公司　　主设计师：戴勇　　　　　　　收稿时间：2012年
室内设计：戴勇室内设计师事务所　　　　　项目面积：130平方米　　　　供稿：深圳市玉湖房地产开发有限公司
项目地点：广东 深圳　　　　　　　　　　主要材料：黑檀木、中花白云石、米黄云石、真丝手绘壁纸、马赛克、胡桃木地板　　　采编：黄安定

该项目厨房与书房均为开放式，厨房的中式隔断既隐约地划分了空间，又在整体上丰富了空间的层次，局部镜面的使用使空间更显通透感。中式的设计元素在这里随处可见，客厅隔断上精美的祥云实木雕花，古韵十足的太师椅，典雅的中式落地灯，以及餐厅墙面上造型独特的木雕，包括茶几上那别致有趣的茶壶与茶碗，无不流露着翩翩古风。设计在用材上也尽显古意盎然，高档的米黄云石地面，稳重的黑檀木，典雅秀丽的中式墙纸以及留白简化了的天花明确了空间的基调，而那偶然出现的一点红，一抹绿又丰富了空间的色彩关系。设计

师用现代的材料演绎着东方古韵；用现代的设计思路来处理每一样中式的元素与符号；用现代的设计语言来表达对一种文化的理解与感受。步入主人房，绕过开放的洗手间，映入眼帘的背景墙以对称均衡的构图方式迎面而来，一幅定做的真丝手绘花鸟墙纸仿佛在讲述着一个关于古时江南的优美故事，垂吊在两边的灯笼上散落着片片枫叶，红色的床头柜成为空间中最亮眼的一笔。温馨的氛围，优雅的格调，让户主卸下一身的疲惫，一切是如此从容惬意。

古典与情调，天然与淳朴，大气与充溢的风格品位是"唐风"中的灵魂。简练、淳朴，讲究精雕细刻，在雕梁画栋中融入民间故事及神话传说，表现出一种雍容华贵的祥和之气，身居其间吟咏几首古诗词，定会找到那些脱俗的感觉。北堂夜夜人如月，南陌朝朝骑似云。在本案中气势磅礴的盛唐文化表达得淋漓尽致。

禅意东方的时尚情怀

济南中齐未来城洋房样板间

开发商：济南中齐地产有限公司　　主设计师：戴勇　　　　　　　　收稿时间：2012年
室内设计：戴勇室内设计师事务所　项目面积：280平方米　　　　　供稿：济南中齐地产有限公司
项目地点：山东 济南　　　　　　　主要材料：墙漆、瓷砖、实木地板、墙纸、布艺　　采编：黄安定

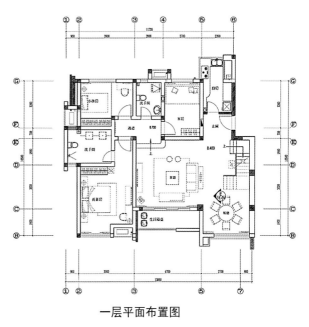

一层平面布置图

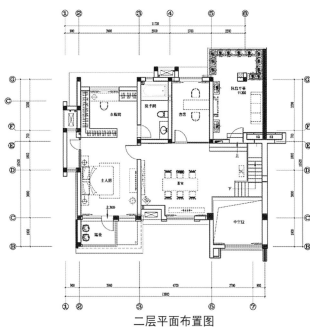

二层平面布置图

本案其外观均取自大自然的万物，将丰富的想象与美好的寓意贯穿其中。整体色调以深色为主，搭配浓浓文化味的书法壁纸，再以深色、浅色的迭进搭配，使整体气氛古朴典雅，使得中国传统文化的意境发挥到极致。古今结合的家具以宽大敞亮的房间为装饰基础，放置中堂的茶几、屏风等，显得十分流畅和气派，是陈列工艺品的极好用具，再加上它本身的精雕细刻，便进一步营造了艺术氛围。客厅采用较纯正的中式元素，虚灵典雅，遵循了中国传统文化和装饰的风格本源；书房的陈设讲究对称，极重文脉意蓄，擅用字画、卷轴、古玩等加以点缀，渲染出满室书香，一堂雅气；卧室结合了居住者的特质和西式的陈设技巧，使舒适、自我的现代生活不着痕迹地融入到传统文化氛围中。总体上体现了一种气势恢宏、壮观华丽、细腻大方的大家风范。似乎要把我们带回到古代的一场对弈当中，烹茶，展卷……

设计师确定了样板间的整体设计风格为新中式，融入了现代、古典中国和古典西方设计元素。其中，客厅设计借鉴了会所设计的特点，设计师利用高耸的仿古灰砖墙提升了空间宽阔感，让这里成为更适合聚会的场所。浅灰色木纹地板与深色家具陈设自然衔接，仿佛铺陈着淡雅的水墨画，为客厅提亮，增加了视觉上的跳跃性。在突出了聚会功能的同时，客厅兼具艺术品收藏展示的功能。房间内各处根据展品位置设置了重点照明，突出了艺术的美感，同时，呈现的光影又增添了静谧感，凸显了远离尘嚣的大宅的意义。

让传统精神在现代空间里舞蹈

北京燕西台别墅样板间

开发商：北京新凤凰城房地产开发有限公司　　主设计师：阿栗 梁浩 王博瑜　　　　收稿时间：2012年
室内设计：北京艾迪尔建筑装饰工程有限公司　项目面积：400平方米　　　　　　　供稿：福州龙誉房地产开发有限公司
项目地点：北京　　　　　　　　　　　　　　主要材料：大理石、实木地板、防古砖、玻璃钢　采编：黄安定

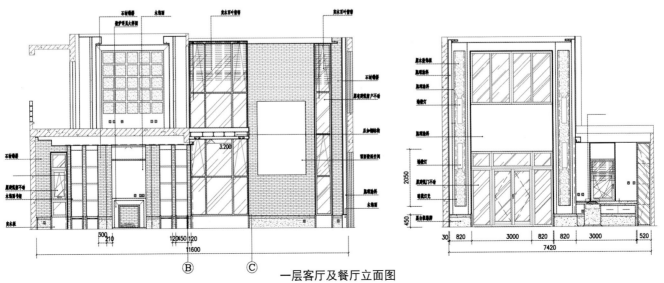

一层客厅及餐厅立面图

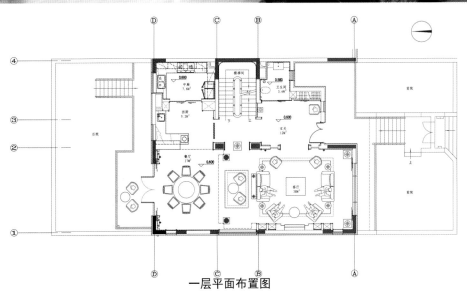

一层平面布置图

本案是名副其实的高贵居住地。为了实现开发商提出的品质豪宅，放大空间的效果，设计师确定了样板间的整体设计风格为新中式，融入了现代、古典中国和古典西方设计元素。其中，客厅设计借鉴了会所设计的特点，设计师利用高耸的仿古灰砖墙提升了空间宽阔感，让这里成为更适合聚会的场所。浅灰色木纹地板与深色家具陈设自然衔接，仿佛铺陈着淡雅的水墨画，为客厅提亮，增加了视觉上的跳跃性。在突出聚会功能的同时，客厅兼具艺术品收藏展示的功能。房间内各处根据展品位置设置了重点照明，突出了艺术的美感，同时，呈现的光影又增添了静谧感，凸显了远离尘嚣的大宅意义。典雅的窗棂，细腻的花纹——除了居室内的细节，设计师还很好地结合了室外开阔的景观，使主人从不同的窗口望出去都能得到视觉上的休息。即使足不出户，也能亲近大自然。

经典的东方元素融入当代的设计手法中，亦古亦今，古典与时尚兼容，艺术与高尚完美融合，用一种现代的设计语言诠释着东方文化的意蕴。设计师采用黑白单色为主的搭配，这样即能映衬出高雅尊贵又不失现代的氛围。在陈设选用上采取多材质多色彩的多元化手法，自然的与环境融合，增添了空间的细节与生活情趣。

标新立异 浪漫不失优雅

南通北城一品样板房

开发商：南通苏宇置业有限公司
室内设计：行于天设计公司－石子出品高端工作室
项目地点：江苏 南通

主设计师：石小伟 孔魏躲
项目面积：180平方米
主要材料：橡木 墙纸 玻璃

收稿时间：2013年
供稿：石小伟
采编：曾吉果

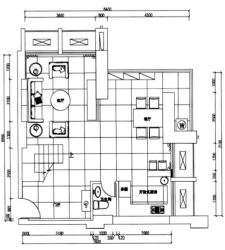

一层平面布置图

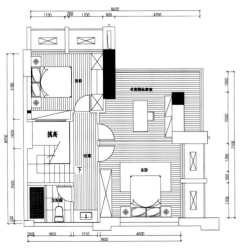

二层平面布置图

本案中设计师为了描述高贵奢华的气氛，采用了后现代的手法来表现。古典元素与现代元素相碰撞，形成了一种耳目一新的设计语言。采用黑白单色为主的搭配，这样即能映衬出高雅尊贵又不失现代的氛围。在陈设选用上采取多材质多色彩的多元化手法，自然的与环境融合，增添了空间的细节与生活情趣。

设计师别出心裁，将围绕楼梯的部分空间划分成类似室内中庭的公共空间及过道，营造出半户外的生活氛围，使空间更具层次感。通往地下室的过道设计独特，由错落的小格组成一面墙，小格内摆放着各种藏品及装饰品，既实用又美观，打造出了一个极具层次感的展示空间，彰显了主人独特的艺术品位和优雅的生活品质。

优雅的生活品质

苏州姑苏世家洋房样板房

开发商：苏州世家置业有限公司　　　　主设计师：王士穌　　　　收稿时间：2012年
室内设计：上海塞赫建筑咨询有限公司　　项目面积：约250平方米　　供稿：苏州世家置业有限公司
项目地点：江苏　苏州　　　　　　　　　主要材料：大理石、纹理墙砖、橡木染色复合地板　　采编：普吉果

古朴、大气的客厅里，简洁、优雅的线条让空间带给人明亮、舒适的视觉感受。玄关处一道镂空的古典屏风将门厅与客厅合理地分隔开来，客厅内古朴的木质家具、瓦蓝的瓷器石凳、三两幅水墨画，透露出雅致的中式意蕴。书房内浓郁的书香气节令人陶醉，温暖的日光从素雅的百叶窗里透进来，驱散了书房沉闷的气氛，偌大的实木书柜，造型考究的古典木椅，仿佛如智者般若有所思。设计师别出心裁，将围绕楼梯的部分空间划分成类似室内中庭似的公共空间以及过渡空间，并铺设石材塑造出半户外的生活氛围，使空间更具层次感。通往地下室的过道设计独特，由错落的小格组成一面墙，小格内摆放着各种藏品及装饰品，既实用又美观，打造出了一个极具层次感的展示空间，彰显了主人独特的艺术品位和优雅生活品质。

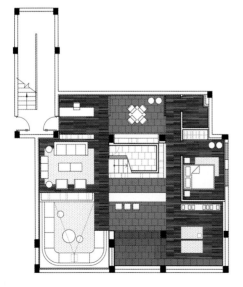

平面布置图

设计师从多元的新古典风格出发，让居住者在享受物质文明的同时获得精神上的慰藉。空间具备古典与现代的双重审美效果，追求高品味生活。融入欧式和中式新古典元素，硬装的简约设计为多元化的软装素材提供和谐的背景。因餐厅较小，厨房被改造成封闭和开放兼顾，并实现厨房中岛多功能性，卫生间的改造也兼具实用与美观。天然石材、不锈钢、银箔结合皮草、丝绒、实木，冷暖材质在和谐色调里丰富变化。色调以咖色、白色为主体色，融入黑、灰、银，点缀紫红，大量的中性色运用烘托出空间低调奢华的气质。

东方新古典的低调奢华

北京华侨城样板间

开发商：北京世纪华侨城实业有限公司
室内设计：北京尚界装饰有限公司
项目地点：北京

主设计师：吕爱华
项目面积：160平方米
主要材料：瓷砖、玻璃、墙纸、木饰面板、实木地板、墙漆

收稿时间：2013年
供稿：吕爱华
采编：何晨霞

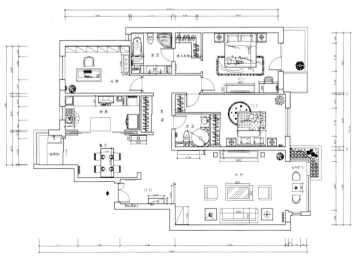

平面布置图

本案设计师从东方新古典风格出发，让居住者在享受物质文明的同时获得精神上的慰藉。空间具备古典与现代的双重审美效果，追求高品味生活。融入欧式和中式新古典元素，硬装的简约设计为多元化的软装素材提供和谐的背景。因餐厅较小，厨房被改造成封闭和开放兼顾，并实现厨房中岛多功能性，卫生间的改造也兼具实用与美观。天然石材、不锈钢、银箔结合皮草、丝绒、实木，冷暖材质在和谐色调里丰富变化。色调以咖色、白色为主体色，融入黑、灰、银，点缀紫红，大量的中性色运用烘托出空间低调奢华的气质。

无论春夏秋冬，荷花的清香与神韵依然留在这栋简约而富有传统韵味的公寓之中。整个设计简约如行云流水般，藏汇于内的是深深的文化意蕴。餐厅更是美不胜收，一侧墙壁是盛开的荷花图案，一直蔓延至顶部，旺盛得好像要开满整个餐厅，光彩夺目，就餐时仿佛都闻到了荷花的阵阵清香，沁人心脾。

仿佛闻到了荷花的阵阵清香

苏州中南世纪城样板房

开发商：苏州中南世纪城房地产开发有限公司　　主设计师：巫小伟　　　　　　　　　　收稿时间：2012年
室内设计：巫小伟设计工作室　　　　　　　　　项目面积：150平方米　　　　　　　　　供稿：巫小伟设计工作室
项目地点：江苏 苏州　　　　　　　　　　　　主要材料：壁纸、雪弗板雕花、地板、瓷砖、大理石、马赛克、防水石膏板　　采编：何晨霞

121

无论春夏秋冬，荷花的清香与神韵依然留在这栋简约而富有传统韵味的公寓之中。整个设计简约如行云流水般，藏汇于内的是深深的文化意蕴。电视背景墙由简单的瓷砖装饰，保持着瓷砖的纹理，素雅古朴，与色彩淡雅的壁画相得益彰，让人感觉舒适宜人。餐厅更是美不胜收，一侧墙壁是盛开的荷花图案，一直蔓延至顶部，旺盛得好像要开满整个餐厅，光彩夺目，就餐时仿佛都闻到了荷花的阵阵清香，沁人心脾。走上雪弗板雕花隔断的楼梯，宽敞明亮的主卧吸引了人们的眼光，线条笔直流畅，表现了空间的张力，超大的床给业主提供了舒适的休息空间，床头两幅盛开的莲花，仅由黑白两色组成，不显其颜色，愈见其风骨。

全世界都在流行中国风，本案以简约城市休闲风为基调，将多种材质结合在一起，融入中式元素与符号，以舒适时尚的设计手法表达着脱俗、清雅、平淡，充满静谧柔和之美，体现居住主人对空间文化的独特品位和气质。给人一种走进春天般无法平复的内心感受！

春天般的东方气息

杭州某楼盘样板房

开发商：杭州某地产开发商
室内设计：杭州辉度空间装饰设计工程有限公司
项目地点：浙江 杭州

主设计师：辉度空间
项目面积：135平方米
主要材料：雕花板、不锈钢、地砖、墙纸、烤漆玻璃、马赛克

收稿时间：2012年
供稿：杭州辉度空间装饰设计工程有限公司
采编：何晨霞

平面布置图

本案设计师用纯净的白色为主色调，以鲜活美丽的花草鸟兽装饰，辅以屏风、瓷器等中国元素，用简洁的笔法设计了一个清新雅致的新中式家居。设计师偏爱纯净的颜色，白色、黑色、绿色、浅蓝色，无不给人清新纯洁之感。

设计师以黑色镂空屏风隔断空间，划分出不同的功能区域，使居室多了几分灵动。每个屏风之处摆放一个案台，白瓷、青瓷花瓶里的鲜花花香阵阵，带来一室清香。鸟儿摆件则使自然气息更加浓郁。客厅较之其他区域更显稳重，黑色沙发与土黄色地毯沉淀出成熟稳重，使居室不显得太过缥缈。电视背景墙的黑色边框包围着碎花壁纸，像一幅花草画。沙发靠背质朴舒适，深色图案带来了温暖感。卧室同样自然气息浓厚，棕色皮质背景墙和地板营造出温馨优雅的休憩氛围。

用现代主义融合新东方的设计风格，将西式舒适人性化的功能设计，现代主义空间处理，融合新东方的文化精髓，打造大隐于墅的生活方式。设计手法精炼熟稳，用材朴实无华，细节处理恰到好处，空间的品位和质感自然流露。

融合新东方的现代主义

北京亚澜湾水岸别墅样板间

开发商：北京绿岛置业房地产开发有限公司　　主设计师：陈鹏　　　　　　　　　　　　收稿时间：2012年
室内设计：东易日盛家居装饰集团　　　　　　项目面积：450平方米　　　　　　　　　供稿：东易日盛家居装饰集团
项目地点：北京　　　　　　　　　　　　　　主要材料：仿古砖、石材、壁纸、饰面板、实木地板　　采编：何晨霞

负一层平面布置图

一层平面布置图

二层平面布置图

本案采用现代主义融合新东方，将西式舒适人性化的功能设计，现代主义空间处理，融合新东方的文化精髓，打造大隐于墅的生活方式。挑空7米高的阳光共享大厅设计成水景休闲区，东方意境的水景恰是"明月松间照，清泉石上流"，瀑布之下设计一地台，品茗下棋，悠然自得，享受生活。客厅与门厅间本来复杂的台阶设计被整齐化和趣味化，后现代主义的雕塑在这里找到了适合它的家。

在这处绿意盎然的别墅中，融入体贴流畅的格局、动线配置，将空间塑造成一个生动的舞台，搭配对比平衡的色彩与天然素材，辉映精选家具和别致的灯光设计，同样满足感官与视觉的所有欲望，也具体实践自然休闲和精致优雅兼容并蓄的新生活美学。

让室内充满大自然的清新静谧

台北内湖公馆别墅

开发商：台北市某开发商　　　　主设计师：徐慧平 许郁佩 郑诗洁　　　　收稿时间：2012年
室内设计：席克空间设计有限公司　　项目面积：400平方米　　　　　　　　供稿：席克空间设计有限公司
项目地点：台北　　　　　　　　主要材料：瓷砖、石材、壁纸、饰面板、实木地板　　采编：何晨霞

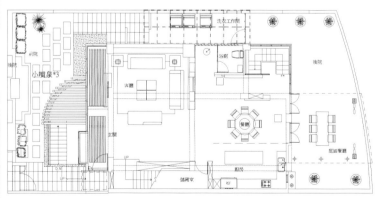

一层平面布置图

二层平面布置图

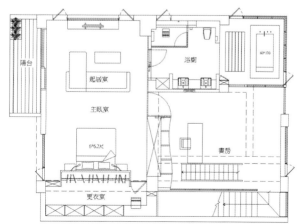

三层平面布置图

在这处绿意盎然的别墅中，融入体贴流畅的格局、动线配置，将空间塑造成一个生动的舞台，搭配对比平衡的色彩与天然素材，辉映精选家具和别致的灯光设计，同样满足感官与视觉的所有欲望，也具体实践自然休闲和精致优雅兼容并蓄的新生活美学。

于一楼入口处，因堪舆忌讳及空间更完整运用等双重考虑，设计师将通往前院的大门转向，巧妙地消弭了楼梯直通出入口的忌讳，也因之加大客厅的面积，特别是在入口处天花饰板以原木栅栏设计，不仅可以和前院通往地下室楼梯上的原木栅栏相呼应，更替客厅向外望的苍穹绿意增添了不少意境。

屋内的艺术收藏品众多，雕刻、雕塑、古董、画作……从品相、风格、尺寸、用色及材质各层面来思量，使得空间中的艺术品彼此间以及与环境之间的关系，都能得到最恰当的安排。建筑的侧边使用落地窗，不仅仅把屋外的自然环境带入了室内，而三面美景环抱巨大方形汤池，上方类似阳光屋的设计，为视觉带来无比的明亮与置身原野的想象，不仅如此，全室还运用了许多环保的建材。

新中式风格讲究纲常，讲究对称，以明阳平衡概念调和室内生态。选用天然的装饰材料，运用"金、木、水、火、土"五种元素的组合规律来营造禅宗式的理性和宁静环境。本案的新中式风格非常讲究空间的层次感，依据住宅使用人数和私密程度的不同，需要做出分隔的功能性空间，在需要隔绝视线的地方，则使用中式的隔断，通过这种新的分隔方式，单元式住宅就展现出中式家居的层次之美。

以明阳平衡概念 调和室内生态

长沙广汇兰亭峰景2期2-5样板间

开发商：长沙广汇房地产开发有限公司
室内设计：杨大明设计顾问事务所
项目地点：湖南 长沙

主设计师：杨大明、金玉霞
项目面积：85平方米
主要材料：仿古砖、乳胶漆、密度板雕花、饰面板、榻榻米、实木地板

收稿时间：2012年
供稿：杨大明
采编：黄安定

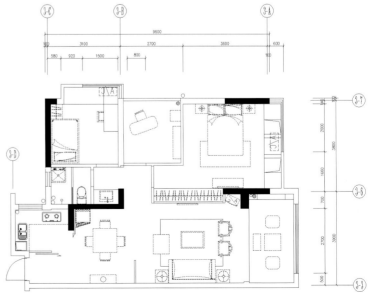

一层平面布置图

新中式风格讲究纲常，也讲究对称，以阴阳平衡概念调和室内生态。选用天然的装饰材料，运用"金、木、水、火、土"五种元素的组合规律来营造禅宗式的理性和宁静环境。

本案的新中式风格非常讲究空间的层次感，依据住宅使用人数和私密程度的不同，需要做出分隔的功能性空间，在需要隔绝视线的地方，则使用中式的隔断，通过这种新的分隔方式，单元式住宅就展现出中式家居的层次之美。造型空间的装饰多采用简洁硬朗的直线条。直线装饰在空间中的使用，不仅反映出现代人追求简单生活的居住要求，更迎合了中式家具追求内敛、质朴的设计风格，使"新

中式"更加实用、更富现代感。家具多以深色为主，墙面色彩搭配：一是以苏州园林和京城民宅的黑、白、灰色为基调；二是在黑、白、灰基础上以皇家住宅的红、黄、蓝、绿等作为局部色彩。使用的装饰材料为丝、纱、织物、壁纸、玻璃、仿古瓷砖、大理石等。本配饰家具为古典家具，中国古典家具以明清家具为代表，在新中式风格家具配饰上多以线条简练为主。用的饰品有瓷器、陶艺、中式窗花、字画、布艺以及具有一定含义的中式古典物品等，将中国文化的内涵融入到家居空间中。

简单、舒适、放松，这是屋主对家的定义，他们认为新东方主义风格便是对这一理念的最好诠释，就像是在喧嚣的都市之中找到一份属于自己心灵的净土。精装修的房屋，总会有一些不尽如人意的地方，他们希望在不改变房屋布局的基础上，按照自己的喜好，在这套四室两厅的居室之中上演一场"变形记"。

黑白流韵　尽显禅意

南京金地名京样板间

开发商：金地（集团）股份有限公司　　主设计师：董龙　　　　　　　　收稿时间：2013年
室内设计：DOLONG设计　　　　　　　项目面积：208平方米　　　　　　供稿：董龙
项目地点：江苏 南京　　　　　　　　主要材料：黑镜、橡木擦黑木饰面、进口墙纸、火烧板、艺术花格、青竹　　采编：黄安定

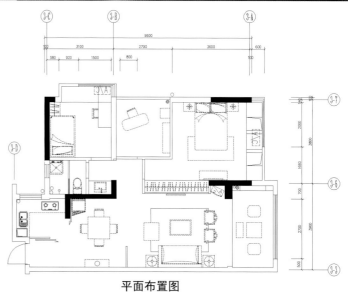

平面布置图

"新东方主义"风格，将传统生活的审美意境与现代生活方式有机结合在一起，使家更富有魅力。走进这个居室之中，纯粹的两色既呈现了传统中式的幽幽意境，又无处不契合着居住者所向往的低调奢华，温馨典雅，黑白对比所塑造出的空间灵魂远远超乎了我们的想象。

精装修的房屋总是给人一种冷冰冰毫无生机的感觉，所以业主要求在不改变空间格局的基础上，按照自己对生活的理解，打造出充满蓬勃生命力的居室空间。客厅黑色的"L"型沙发，简洁的线条，超宽的坐面，厚重的色彩，赋予了家沉稳安静的基调，也便于搭配各类软装。放置于沙发区中央的浅咖色与米色拼接的地毯，柔软的质地，将家居环境和表达的意境连接在一起，起到了过渡的作用。一幅具有艺术气息的水墨画，被安放在沙发后的墙面之上，在灯光的映衬下，流露出中式的深远意境。客厅区域的空间较大，屋主便在这里安排了一个吧台，黑色的吧台与墙面长方形的字画，搭配相得益彰，富有禅意的陶罐，使得写意、雅趣的气氛自然散发开来。无论是墙上的水墨画，还是摆放在吧台之上的陶器，可见屋主是对生

活有着颇高的品味。客厅旁的餐厅，让人感受到另一番景象，餐厅黑色镜面的墙壁传达出强烈的时尚感和沉稳感，与客厅的颜色相协调。为了配合整体的家居环境，主人特意搭配了简约线条的黑色餐桌，亚麻布料的浅灰色餐椅则打破了空间黑色调带来的沉闷感，使房间增添了许多生动的韵律。

穿过长长的走道，便来到了书房，充满着东方韵味的中国元素散落于这里的各个角落。书房中选择了线条简单的棕色家具，以富有中式情结的小饰品做点缀的搭配方式，兼顾了美观和实用的双重标准。书柜上摆放了一幅颇有意境的水墨画、一扇缩小版的中式窗棂、一尊迷你版的佛像……让这个简约的空间既继承了中国文化凝于方寸空间的博大精深，又呈现出一种清新不失沉稳的格调。与书房相连的休闲阳台与书房的格调完全不同，我们在这里看见了不一样的景色。休闲的同时也可以作为会客室，在这里喝茶，看书，聊天，都将是一个不错的选择。石柱上站着的两个小沙弥，手捧着蜡烛，隐约可见的脸庞，为这个空间带来几许神秘的色彩。

开阔与通透是不可多得的空间美感，此案中木格栅的大量运用，连接多个功能区域，形成一气呵成的舒适明朗，同时透过阳台洒落的光影让室内融合一贯，再配以中式意韵的灯具和软饰，调配出现代中式静谧而大气的氛围，用利落手法修饰，创造出强烈的视觉震撼。

同一元素的大量呈现创造出强烈的视觉震撼

珠海招商花园城中式样板房

开发商：珠海招商房地产有限公司　　主设计师：邱書瑞　　　　　　收稿时间：2012年
室内设计：邱書瑞设计工作室　　　项目面积：208平方米　　　　供稿：邱書瑞
项目地点：广东 珠海　　　　　　主要材料：木格栅、实木地板、金香玉大理石、山西黑大理石、木饰面板　　采编：黄安定

平面布置图

开阔与通透是不可多得的空间美感，此案中木格栅的大量运用，连接多个功能区域，形成一气呵成的舒适明朗，同时透过阳台洒落的光影让室内融合一贯，再配以中式意韵灯具和软饰，调配出现代中式静谧而大气的氛围，利落手法修饰，创造出强烈的视觉震撼。严谨的态度、艺术的手法、穿透的空间美感，缔造出幽雅自然空间之氛围，引导人们的心境内化，并与环境相融。

本案用现代的手法和材质还原古典气质，撷古绎今。将中国元素融入整体空间规划与布局，打造一个充满理性和智慧的现代人文家居环境。把相异功能空间统一风格，各自视为独立的风景，细节处注重中式元素的表达，轻松而又蕴含深深的韵味，静待细品。

撷古绎今 静待细品

昆明市世纪城样板房

开发商：昆明金源房地产有限责任公司　　主设计师：孙冲 张杰 张婷　　　　　收稿时间：2013年
室内设计：昆明中策装饰设计有限公司　　项目面积：350平方米　　　　　　　　供稿：孙冲
项目地点：云南 昆明　　　　　　　　　　主要材料：木格栅、实木地板、金香玉大理石、山西黑大理石、木饰面板　　采编：黄安定

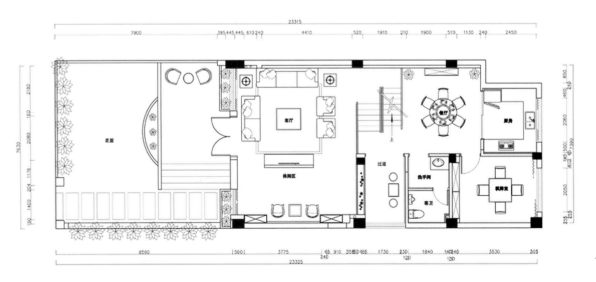

一层平面布置图

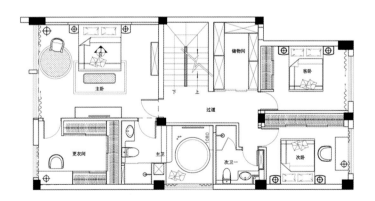

二层平面布置图

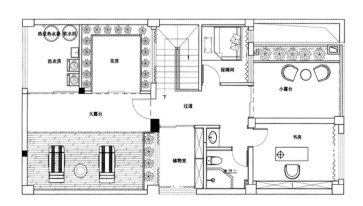

三层平面布置图

本案用现代的手法和材质还原古典气质，撷古绎今。将中国元素融入整体空间规划与布局，打造一个充满理性和智慧的现代人文家居环境。把相异功能空间统一风格，各自视为独立的风景，细节处注重中式元素的表达，轻松而又蕴含深深的韵味，静待细品。客厅电视背景的中式花格与家具充满东方格调却又不失现代感，中式的窗棂把室外的阳光、树影借到了室内，与山水纹案的石材背景相辉映，安静清幽。扶梯而上，卧室色调清丽淡雅，让家回归休憩静心的本质。书房窗畔的书桌、兰花，表明了主人的恋恋书香。

通过挖掘更多中式传统文化，包括传统家具的改良，使空间更加适用于现代人的生活。不同功能空间绽放大小不同，让业主在自己的空间里追求更多感官享受。简单材料的肌理化、符号化运用，装饰艺术功能化运用，是本案的一大特色。

肆意生长的中式生活

杭州浪漫和山样板房

开发商：杭州小和山庄开发有限公司   主设计师：吕靖   收稿时间：2013年
室内设计：杭州大麦室内设计有限公司   项目面积：350平方米   供稿：吕靖
项目地点：浙江 杭州   主要材料：木格栅、实木地板、金香玉大理石、山西黑大理石、木饰面板   采编：黄安定

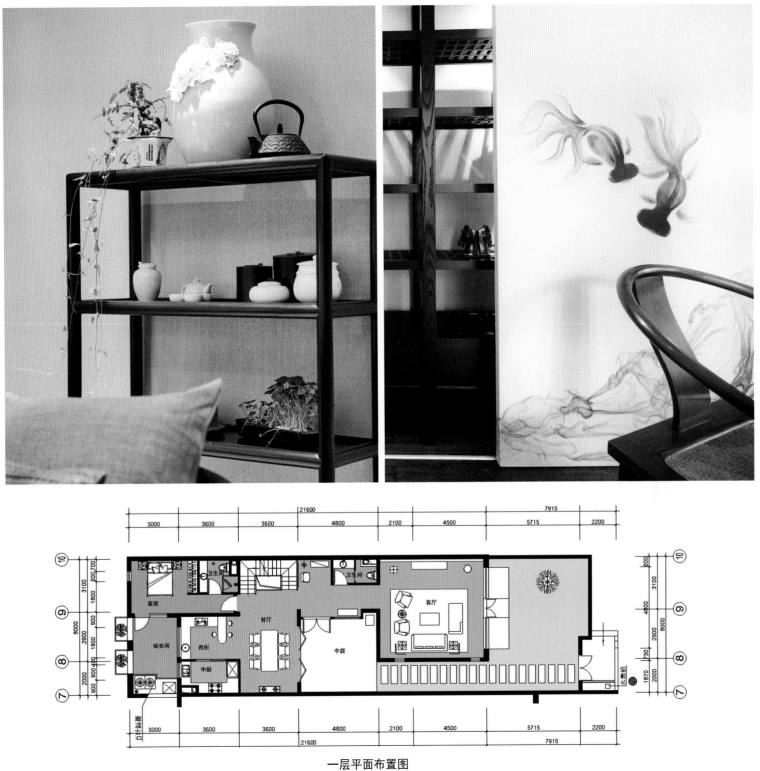

一层平面布置图

二层平面布置图

本案所表达的是年轻一代对传统文化的传承和新视角。通过挖掘更多中式传统文化，包括传统家具的改良，使空间更加适用于现代人的生活。不同功能空间绽放大小不同，让业主在自己的空间里追求更多感官享受。简单材料的肌理化，符号化运用、装饰艺术功能化运用，是本案的一大特色。

设计师一直把握"充分满足现代功能，用现代设计手法和材料演绎传统"的基本设计理念。院落文化是中国传统住宅建筑的精髓，几千年来，院落不仅是一个具备功能的物理空间，同时还是国人的心灵归宿。中国会馆在产品定位上就是努力在寻找我们失去了的心灵归宿，寻找当今国人的梦想家园。

寻找我们失去了的心灵归宿

成都中国会馆C型样板间

开发商：成都中新悦荟置业有限公司　　主设计师：周勇　　　　　　　　　　　　　收稿时间：2013年
室内设计：成都市雅仕达建筑装饰工程有限责任公司　项目面积：360平方米　　　　　　　　供稿：周勇
项目地点：四川 成都　　　　　　　　主要材料：木格栅、实木地板、金香玉大理石、山西黑大理石、木饰面板　　采编：黄安定

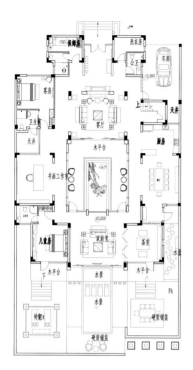

一层平面布置图

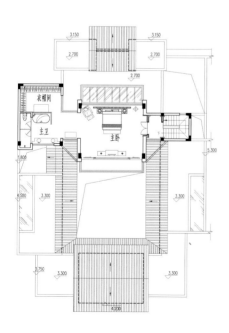

二层平面布置图

设计师一直秉持"充分满足现代功能，用现代设计手法和材料演绎传统"的基本设计理念。院落文化是中国传统住宅建筑的精髓，几千年来，院落不仅是一个具备功能的物理空间，同时还是国人的心灵归属。中国会馆在产品定位上就是努力在寻找我们失去了的心灵归属，寻找当今国人的梦想家园。

设计师将该项目定位为"河边的院子"，在规划上满足了"河边"，在建筑上要满足"院子"。"河边"和"院子"就成为了整个项目的灵魂。根据功能的需要，对室内外空间进行重组合成。做到现代功能的传统演绎，但是空间的序列和感受是我们对传统的尊重和传承。

中国会馆C型的户型强调中轴线。从进入院门到家庭厅的后院，两边的房间都比较对称，是有鲜明代表性的中式院落住宅。 进入院门后是门厅，这里原来是庭院的门斗和院廊，和前面的露天庭院都纳入到室内空间，形成空间上的交通节点。在中轴线上，客厅和家庭厅都通过内院围廊与其他房间相连，室外的围廊被中空玻璃封闭。不仅增加了各个房间的联系，还扩大了餐厅、书房和家庭厅的面积。对传统的石材和木材进行再加工和创作，根据设计的需要，本案中出现了同一材质不同厚度的板材和块材。另外对玻璃的安装工艺也做了新的尝试，在廊顶使用弧形钢化玻璃的拼装。

复式的房子近几年来在城市里大行其道，这种结构的房子本身空间较大，每户都有较大的采光面，通风较好，布局紧凑，功能明确，相互干扰较小。虽然没有别墅的奢华，但是经过设计师的巧手装扮，也能体现出别墅的大气。

庄重与优雅的双重气质

上海复式公寓样板房

开发商：上海奉贤某楼盘开发公司　　主设计师：巫小伟　　　　　　　　收稿时间：2013年
室内设计：威利斯设计　　　　　　　项目面积：250平方米　　　　　　　供稿：巫小伟
项目地点：上海　　　　　　　　　　主要材料：仿古砖、原木、外墙砖、百页门、壁纸、复古灯　　采编：何晨霞

一层平面布置图

二层平面布置图

复式的房子近几年来在城市里大行其道，这种结构的房子本身空间较大，每户都有较大的采光面，通风较好，布局紧凑，功能明确，相互干扰较小。虽然没有别墅的奢华，但是经过设计师的巧手装扮，也能体现出别墅的大气。

本案为复式加阁楼，总面积达250平方米，空间本身较大。但是，如何把这三层的空间巧妙地和为一体，既满足主人的生活需要，又满足其审美需要仍旧是需要大费周章的。

无论多大的空间，首先要满足的是各个空间的功能性。设计师首先考虑的是功能区域的划分，根据主人的要求和房子本身的特点首先进行了房屋结构的改造和功能区域的细分。

设计师多次思考构图后最终把房子的三层空间分成三个不同的主要功能区域：第一层主要是会客区和公共活动空间，包含了客厅、客卧和厨房三个不同的功能区域，满足了主人交际会客的需求；二楼为主人的私密空间，设有主卧、书房、茶室等几个区域；阁楼的空间则被设计成娱乐休闲和贮藏区，包含了影视厅和贮藏室。

三层空间各有其不同的功能性，通过楼梯的连接形成一个息息相关整体，既层次分明又密不可分。

设计师运用现代手法重新设计组合把中国传统的室内设计的庄重与优雅双重气质很好地体现出来。

在餐厅的设计上，设计师在一边的墙和顶上运用了荷的元素。一朵亭亭玉立的荷花优雅绽放，墨绿色叶子铺满了整个茶镜，荷花是绽放在顶上的，花瓣鲜艳欲滴，整个背景如同一幅精雕细琢工笔的画，充满了中式元素的典雅。

中式元素在整个空间里随处可见，客厅里的镂空花板、电视背景的文化墙、中式移门、镂空楼梯等等无一不在彰显中式情结。

空间里的一些家具却是以现代风格为主的，客厅的沙发组、房间里的寝具等均体现了现代家居的时尚与轻巧，现代简约风格和中式风格并存，散发出独特的魅力。

在简洁大气的空间里，木质家具似乎隐隐散发出淡定宁静的心境，造型优美的桌椅、做工精良的花格、玻璃雕刻的荷花图案……端庄而稳健，成熟而高雅，空间传递的是沉稳淡雅，修身养性的生活态度。

大隐于市　私享生活

广东惠州城市时代T10A样板房

开发商：广东方直集团有限公司　　　主设计师：徐树仁　　　　　　　收稿时间：2013年
室内设计：深圳市帝凯室内设计有限公司　项目面积：121平方米　　　　　供稿：徐树仁
项目地点：广东 惠州　　　　　　　主要材料：白尼斯面板，皮革，艺术墙纸，黑镜钢，磨花玻璃，磨花镜面，大理石　采编：何晨霞

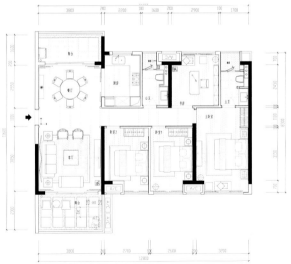

一层平面布置图

任时光荏苒，白驹过隙而中国传统文化不因时间而消散，在文人雅士中传承。本案设计师用现代的表现手法演绎着具有丰饶的东方意蕴的美学精髓，在简洁大气的空间里，木质家具似乎隐隐散发出淡定宁静的心境，造型优美的桌椅、做工精良的花格、玻璃雕刻的荷花图案……端庄而稳健，成熟而高雅，空间传递的是沉稳淡雅，修身养性的生活态度。一个家所承载的，不应只是富丽堂皇的装饰，而是一份令人放松的温馨。大隐于市，闲时只需一杯香茗，一本好书的私享生活。

以中式风格为主体，彰显优雅细腻的中国文化为底蕴，且不失奢华、高贵。在餐厅用了暗红色的皮革硬包，采用中国刺绣的模式，勾勒抽象的花形，彰显贵气；客厅使用了香槟银的色调，把中式的型用另一种色调诠释，花格配镜面，香槟配银色；用线条花格，勾勒整个画面，生动地塑造了精练而高雅的生活格调。

后现代中式样板房

广西南宁大观天下D2-1样板房

开发商：民发实业集团(广西)房地产开发有限公司　　主设计师：徐树仁　　　　　　　　收稿时间：2013年
室内设计：深圳市帝凯室内设计有限公司　　　　　　项目面积：220平方米　　　　　　供稿：徐树仁
项目地点：广西 南宁　　　　　　　　　　　　　　主要材料：青枫影木饰面、皮革、银镜、夹丝玻璃、大理石、马赛克、复合板　　采编：何晨霞

平面布置图

本案是面积达200多平方米的大户型样板房。以中式风格为主体，彰显优雅细腻的中国文化底蕴，且不失奢华、高贵。在餐厅用了暗红色的皮革硬包，采用中国刺绣的模式，勾勒抽象的花形，彰显贵气；客厅使用了香槟银的色调，把中式的型用另一种色调诠释，花格配镜面，香槟配银色；用线条花格，勾勒整个画面，生动地塑造了精练而高雅的生活格调。

现代中式的设计是对中国风的另一个角度的理解，寻求中式风格的高贵与雅致，不局限于某种形式手法，将中式风格的线条、色彩、造型和木格栅等装饰元素融入到现代的设计中，创造出符合现代生活要求的审美情调。

用现代手法表达东方神意，是本案的精髓体现。闲寂、幽雅、朴素为神意空间的精神内涵，它不仅是室内设计追求的一种高境界，也是作为室内设计师创造空灵、简朴意境的艺术原则。设计师简化了繁复的艺术表现，选择清新与优雅的结合，在原木材质的大空间里呈现若隐若现的神意。

时尚现代基调中潜藏禅味

江苏茅山美加东部假日度假村别墅

开发商：江苏美加房地产开发有限公司　　　主设计师：戴勇　　　　　　收稿时间：2012年
室内设计：戴勇室内设计师事务所　　　　　项目面积：200平方米　　　供稿：戴勇
项目地点：江苏 句容茅山　　　　　　　　　主要材料：地砖、墙纸、墙漆、木地板等　采编：黄安定

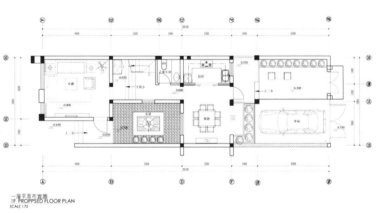

一层平面布置图

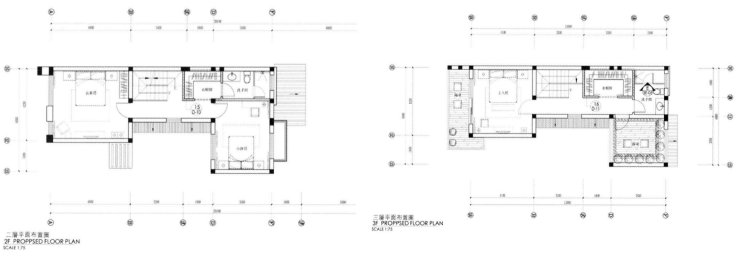

二層平面布置圖
2F PROPPSED FLOOR PLAN
SCALE 1:75

三層平面布置圖
3F PROPPSED FLOOR PLAN
SCALE 1:75

二层平面布置图

三层平面布置图

本案陈设设计选择了清新与优雅，注重人文气息的营造，儒雅中贵气暗涌。利用陈设布置在原木材质的大空间里呈现若隐若现的意，是对中国道家文化的一种全新演绎。客厅是整个空间陈设设计最具表现力的功能区域，米色沙发与单位沙发的组合摆放形式取自中国古代居室布置格局对称摆放，沙发上那些体态各异的抱枕悄悄绣入中式标记符号，概念来自古中式的上衣衣襟和姑娘们用的肚兜，具有浓厚的人文气息，变化的织物质感和色彩搭配注入了时代感。客厅的中式简化造型茶几，茶杯在几片绿叶的衬托下，烘染了清静无为的道家思想，茶亦有道，禅意十足。相对于此处浓烈的人文氛围

营造，餐厅的陈设以素雅为主。餐桌椅摆放位置利用玻璃镜面形成景观呼应，表现了小空间的体量扩展，又以小件的搭配摆设组构相应的生活气氛。客厅时尚原创的地毯，取自竹纹图案，与镜壁呼应。在色调上主要以沉稳的调子为主，并作局部突出的点缀，统一于潜藏的中式环境中。用现代手法表达东方禅意，是本案的精髓体现。闲寂、幽雅、朴素为禅意空间的精神内涵，它不仅是室内设计追求的一种高境界，也是作为室内设计师创造空灵、简朴意境的艺术原则。

本案设计的中心是提高生活品质和打造审美情趣，想寻找一处宁静、写意的生活体验成为本次方案的出发点，本案将中式风格与高贵现代典雅相互结合，演绎出崭新的东方主义。

细细品味安静写意的生活

中海万锦东苑A1栋样板房

开发商：中海地产
室内设计：广州市韦格斯杨设计有限公司
项目地点：广东 佛山

主设计师：区伟勤 冯淑贤 郭丹娜
项目面积：200平方米
主要材料：海棠灰石、布艺、直纹白橡木、墙纸

收稿时间：2013年
供稿：区伟勤
采编：黄安定

平面布置图

中海万锦东苑位于佛山市南海桂城城市中心，辐射目前桂城炙手可热的千灯湖与桂城东两大新高尚住宅板块，定位为"佛山代表性国际化、都市化雅致生态社区"，将发展成为桂城中心城区高端国际化社区的代表。

提高生活品质和打造审美情趣是本次设计的中心，想寻找一处宁静、写意的生活体验成为本次方案的出发点，本案将中式风格与高贵、现代典雅相互结合，演绎出崭新的东方主义。在本案中木饰面成为空间的主角，深色调子可以很好地将中式风格的内敛含蓄沉淀下来，一面祥和的中式屏风把城市中浮躁与喧嚣消解得一干二净，再加上墙身色泽柔和的墙纸及镜子的造型，使空间不仅具有亲和力，并且令视觉得到延伸，当中没有运用繁琐的元素，只在焦点部位融入传统精髓，起到画龙点睛的效果，换以现代的材质，现代的手法，含蓄地表现出东方传统文化色彩。

一片安静、写意的生活气息，让人细细回味……

本案的设计理念是以地中海和南诏风情的多元文化融合，创造出山海相依的典型建筑形态，纯净色彩风格，精细化雕琢的艺术感。在这片得山海厚爱又被白族文化渲染的土地上，最适合它的设计就是附和这种风情。

因地制宜的完美境界

云南城投·海东方样板间

开发商：云南城投洱海置业有限公司　　主设计师：谢柯 支鸿鑫　　收稿时间：2013年
室内设计：尚壹扬设计　　项目面积：300平方米　　供稿：尚壹扬设计
项目地点：云南 洱海　　主要材料：地砖、墙纸、墙漆、木地板等　　采编：黄安定

本案的设计理念是以地中海和南诏风情的多元文化融合，创造出山海相依的典型建筑形态，纯净色彩风格，精细化雕琢的艺术感。在这片得山海之厚且被白族文化渲染的土地上，最适合它的设计就是附和这种风情。因此海东方选择了南诏文化与环地中海风情的融合作为设计的底色，依附原生山体的地势和建筑固有的特点，创造出独特的空间享受和艺术氛围。既保留了生活的自然气息，又可以体验到高品位的品质生活。步入室内，无论是案几上几尊佛像的摆饰，还是墙头挂着的山水图、青花瓷盘，书房内笔墨纸砚，处处都散发着古韵书香，彰显着南诏文化的巨大丰厚，这得益于文化的仿唐性、开放性、多源性，该案正契合了南诏文化的精髓。

SOUTHEAST ASIAN STYLE
东南亚风格

本案采用东南亚混搭风格设计，色调偏重以明黄色、深咖色、米色为主。在材质上运用了粗糙的自然材质、包括哑面洞石、榆木板材、水曲柳实木板、树根等等，保留了东南亚的自然风味。配饰方面则运用了少量的中式元素，营造出悠闲从容的生活意境。设计师将东方本土特有的建筑形式和内涵来营造室内空间，拉开了空间的视觉效果，地面和墙面尽量保持干净，整体的风格则通过大量软装配饰来体现。

悠闲从容的生活意境

上海观庭别墅样板房

开发商：上海博星房产　　　　　主设计师：刘飞　　　　　　　收稿时间：2013年
室内设计：汉象建筑设计事务所　　项目面积：600平方米　　　　　供稿：刘飞
项目地点：上海　　　　　　　　主要材料：仿古砖、哑麻布、肌理漆、竹竿、墙漆、榆木板　　　采编：何晨霞

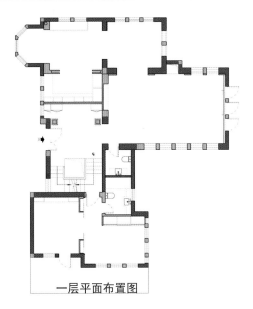

一层平面布置图

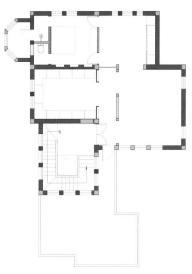

二层平面布置图

243

本案采用东南亚混搭风格设计，色调偏重，以明黄色、深咖色、米色为主。在材质上运用了粗糙的自然材质、包括哑面洞石、榆木板材、水曲柳实木板、树根等等，保留了东南亚的自然风味。配饰方面则运用了少量的中式元素，营造出悠闲从容的生活意境。家私的布料多为麻质面料，地毯、靠背、窗帘，都有着东南亚独有的风情。一层客厅敞亮的空间有着原始的大气，米色的地毯铺满地面，带来不同的文化感受。深咖色布面沙发稳重温暖，蕴含着文化底蕴，与明黄色的靠包搭配出尊贵之感，案几上的麻质桌布垂落至地，满室都荡漾着别样风韵。主卧设计大胆新颖，大块的金色镜面装饰出富丽与尊贵，木条造型墙为空间注入了古朴的气息，类似虎皮的黄棕色地毯透着些许霸气，有着原始森林的粗犷大气，使卧室

洋溢着热情炽烈的气息，充满异域色彩。

"小隐在山林，大隐于市朝。"那些所谓的隐士看破红尘隐居于山只是形式上的"隐"而已，而真正达到物我两忘的心境，反而能在最世俗的市朝中排除嘈杂的干扰，自得其乐，因此他们隐居于市朝才是心灵上真正的升华所在。以东南亚为主题设计和建筑的外形结合，针对中高端市场。设计师将东方本土特有的建筑形式和内涵来营造室内空间，拉开了空间的视觉效果，地面和墙面尽量保持干净，整体的风格则大量通过软装配饰来体现。

设计师则通过顶部的不同来体现空间不同的功能。设计师带来的是深层次、文化和哲学的反思，也体现出设计师对于泛东方文化的提倡。

木雕彩绘佛像与画框里的树枝照片相对照，不禁联想起六祖禅师的一首偈子："菩提本无树，明镜亦非台，本来无一物，何处惹尘埃"的诗句。瓶中的枯枝插花与之呼应，倾诉着设计师对北方冬季大气壮美景象的感想。

东方的写意随性 融合西方的具象严谨

北京8哩岛样板房

开发商：北京太和保兴房地产开发有限公司　　　主设计师：王小根　　　　　　　　收稿时间：2013年
室内设计：北京根尚国际空间设计有限公司　　　项目面积：280平方米　　　　　　　供稿：王小根
项目地点：北京　　　　　　　　　　　　　　　主要材料：仿古砖、哑麻布、肌理漆、竹竿、墙漆、榆木板　　采编：何晨霞

平面布置图

本案为北京8哩岛样板间所做的室内设计，设计师力图在低调、精致，唯美与奢华的氛围中寻找东西方文化的情感与气质。东方艺术的写意随性融合西方艺术的具象与严谨，是设计师对东西方文化的理解与阐释。墨绿、白与少量的黑色是整个室内设计的色彩基调，宛如一幅油画再现了立体的水墨山水。地面的地毯纹样取自宋窑开片，古朴细腻而典雅。木雕彩绘佛像与画框里的树枝照片相对照，不禁联想起六祖禅师的一首偈子："菩提本无树，明镜亦非台，本来无一物，何处惹尘埃"的诗句。瓶中的枯枝插花与之呼应，倾诉着设计师对北方冬季大气壮美景象的感想。

东南亚风格有种说不清道不明的神秘气质。在充满原始野性的风格基调上，又有一股深不可测的东方禅意。它把奢华与纯朴、绚烂与低调等本不可能协调的风格，调成一种意境，让人无法自拔，文化永远是高高在上的少数人游戏，而时尚却把它变成了实实在在的物质崇拜。

捕捉禅意 情迷东南亚

昆明银海畅园东南亚样板房

开发商：昆明银海房地产开发有限公司　　主设计师：赵美霞　　　　　　　收稿时间：2013年
室内设计：昆明中策装饰（集团）有限公司　项目面积：200平方米　　　　　供稿：赵美霞
项目地点：云南 昆明　　　　　　　　　　主要材料：地砖、墙纸、墙漆、木地板等　采编：黄安定

东南亚风格有种说不清道不明的神秘气质。在充满原始野性的风格基调上，又有一股深不可测的东方禅意。它把奢华与纯朴、绚烂与低调等本不可能协调的风格，调成一种意境，让人无法自拔，文化永远是高高在上的少数人游戏，而时尚却把它变成了实实在在的物质崇拜。"原木幻彩添新意，青石绿叶筑长青"这是设计师在做本案设计中赋予的精神灵魂，业主长期在外工作，在和设计师交流的过程中，希望自己回到家有一种温馨舒适、休闲放松的感觉，设计师在选用清新朴实的风格——东南亚。

首先客厅以优雅大气为主，木制半透明的推拉门与墙面木装饰的装饰造型，以冷静线条分割空间，代替一切繁杂与装饰。以不矫揉造作的材料营造出豪华感，使人感到既创新独特又似曾相识的生活居所。主卧室选用了深木色，金色丝制布料结合光线的变化，创造出内敛谦卑的感觉。主卫设计师采用了石材与镜子的设计为其增加了变化。

在色彩上，以温馨淡雅的中性色彩为主，局部点缀艳丽的红色，自然温馨中不失热情华丽。在材质上，运用壁纸、实木、铁艺等，演绎原始自然的热带风情。在家具配置上，本案选用了厚实大气的黄金柚系列家具，线条简洁凝练，祥瑞的花纹、简洁的设计，值得细细品味。在配饰上，艳丽华贵的色彩、别具一格的东南亚元素，使居室散发着淡淡温馨与悠悠禅韵。

本设计的设计主题是围绕"和谐、创新"，"温馨、生活"来构思。从业主居住需求、生活价值的独特性挖掘角度，对家的理解着重为舒适、随意并有一定品味。为此，在设计上大胆采用绿色乳胶漆，大面积涂刷，配上中式家具来体现一种和谐、回归自然的乡村风格，墙面壁灯的大量使用是该设计效果的重要组成部分。

颜色搭配合理的完美境界

昆明东岸紫园别墅样板房

开发商：昆明东岸紫园房地产开发有限公司　　主设计师：吕海宁　　　　　　　　　　收稿时间：2013年
室内设计：可艺设计工作室　　　　　　　　　项目面积：200平方米　　　　　　　　　供稿：吕海宁
项目地点：云南 昆明　　　　　　　　　　　主要材料：地砖、墙纸、墙漆、木地板等　　采编：黄安定

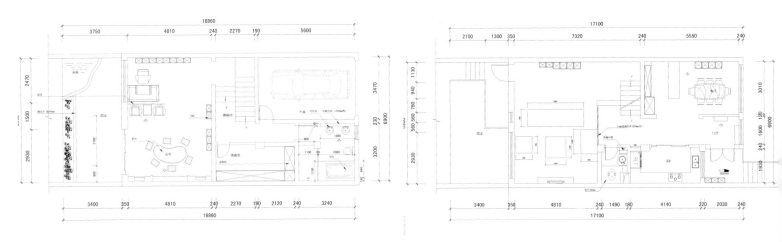

负一层平面布置图　　　　　　　　　　　　　　　　　　一层平面布置图

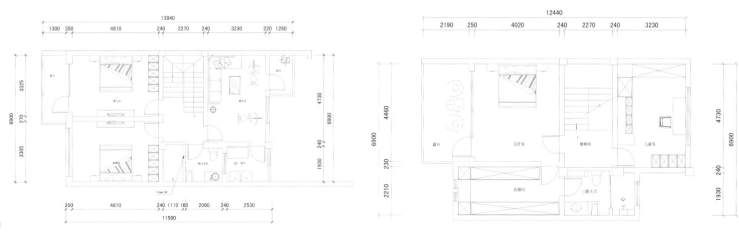

二层平面布置图

三层平面布置图

本设计的设计主题是围绕"和谐、创新","温馨、生活"来构思。从业主居住需求、生活价值的独特性挖掘角度，对家的理解着重为舒适、随意并有一定品味。为此，在设计上大胆采用绿色乳胶漆，大面积涂刷，配上中式家具来体现一种和谐、回归自然的乡村风格，墙面壁灯的大量使用是该设计效果的重要组成部分。用现代美式风格的硬装手法去搭配各种元素的家具、灯、画等，大胆的混搭手法让人为之一怔。空间布局上：儿童房阁楼的搭建使得功能性有了较大的提升。置于其中让你体悟家的温馨，生活的惬意，家像港湾，像怀抱，对家的依恋不舍油然而生。

奢华无界有容乃大，不是满满的就是充实，也并不是精雕细琢就是奢华高贵，而是以另一种低调的形式展现出高贵的品质。在过往古典的美丽中穿透岁月，依然让这份情怀留在我们的身边，尽添一份贵气，刻骨一份情意，感受一份淳朴，拥抱一片自然。

在悠闲里绽放从容

美城·悦蓉府别墅样板房

开发商：成都环美置业有限公司　　主设计师：唐嘉骏　　收稿时间：2013年
室内设计：成都蜂鸟设计顾问有限公司　项目面积：350平方米　供稿：唐嘉骏
项目地点：四川 成都　　主要材料：哑原木、深木纹地板、银箔、镜面、榆木板　采编：黄安定

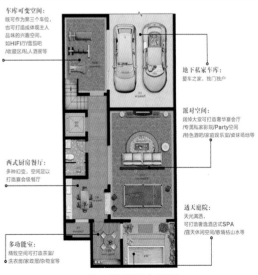

车库可变空间：
既可作为第三个车位，
也可打造成体现主人
品味的兴趣空间，
如HIFI厅/唐茄吧
/收藏区/私人酒窖等

地下私家车库：
爱车之家，独门独户

派对空间：
围绕大堂可打造奢华宴会厅
/专属私家影院/Party空间
/特色酒吧/家庭娱乐室/桌球场地等

西式厨房餐厅：
多种幻变，空间足以
打造宴会级餐厅

透天庭院：
天光满溢，
可打造书逸酒店式SPA
/露天休闲空间/意境枯山水等

多功能室：
精致空间可打造茶室/
洗衣房/家政屋/杂物室等

负一层平面布置图

266

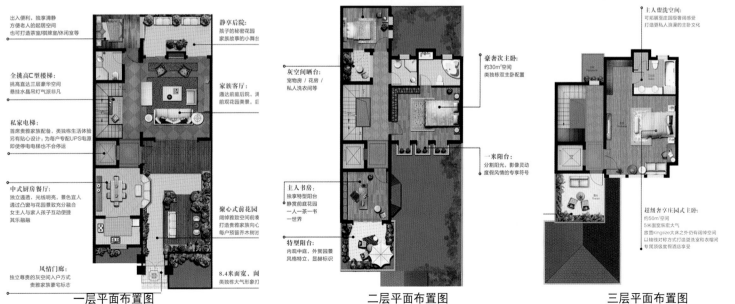

出入便利，独享清静
方便老人的起居空间
也可打造茶室/棋牌室/休闲室等

静享后院：
孩子的秘密花园
家族故事的小舞台

全挑高C型楼梯：
挑高直达三层豪华空间
悬挂水晶吊灯气派非凡

家族客厅：
通达前庭后院，满
前院花园美景，后

私家电梯：
首席贵雅家族配备，类独栋生活体验
另有贴心设计，为每户专配UPS电源
即便停电电梯也不会停运

中式厨房餐厅：
独立通道，光线明亮，景色宜人
通过凸窗与花园景致充分融合
女主人与家人孩子互动便捷
其乐融融

聚心式前花园：
阔绰雅致空间前奏
打造贵雅家族внутренний心
每户预留乔木树池

风情门廊：
独立尊贵的灰空间入户方式
贵雅家族豪宅标志

8.4米面宽，阔
类独栋大气形象打

一层平面布置图

灰空间晒台：
宠物房 / 花房 /
私人洗衣间等

豪奢间次主卧：
约30m²空间
类独栋双主卧配置

一米阳台：
分割阳光，影像灵动
度假风情的专享符号

主人书房：
独享特型阳台
静赏前庭花园
一人一茶一书
一世界

特型阳台：
内观中庭，外赏园景
风格特立，显赫标识

二层平面布置图

主人卫洗空间：
可拓展至庄园级套间感受
打造更私人浪漫的主卧文化

超级奢享庄园式主卧：
约50m²空间
5米面宽恢宏大气
放置Kingsize大床之外仍有回绅空间
以轴线对称方式打造坐浴室和衣帽间
专属顶级度假酒店享受

三层平面布置图

267

本案设计脱俗、清雅、低调、奢而不华。设计中不是纯粹的元素堆砌，而是通过对传统文化的认识，将现代元素和传统元素结合在一起，以现代人的审美需求来打造富有传统韵味的事物。以简单的造型设计勾勒，以多怀揣磨富有格调的材质元素，结合拥抱自然怀旧古典的风情，多元化的结合，多角度的细研，多方面的融入，以不同角度不同方向不同格局去考虑同一种风格同一个情怀同一种生活。中式条案，屏风、青花瓷器、中式木门，无不彰显居室的沉稳大气的基调。细节处字画、中式瓷具以及绿意盎然的植物的点缀，灯光渲染的作用下整个空间显得奢而不华，品质而格调，自然而古典韵味。奢华无界有容乃大，不是满满的就是充实，也并不是精雕细琢就是奢华高贵，而是以另一种低调的形式展现出那高贵的品质。在过往古典的美丽中穿透岁月，依然让这份情怀留在我们的身边，尽添一份贵气，刻骨一份情意，感受一份淳朴，拥抱一片自然。

家居设计实质上是对生活的设计。东南亚式的设计风格，其崇尚自然、原汁原味，注重手工工艺而拒绝同质的精神，符合时下人们追求健康环保、人性化以及个性化的价值理念。设计者通过运用赋予异域特色的木雕、拼花马赛克、墙纸、艺术涂料等设计语言相互调和，强调了异域文化在室内设计中的感染力，置身其中，使我们感受到浓郁的异域风情。

感受浓郁的异域风情

东莞万科棠樾悦然庄联排别墅上汤户型样板房

开发商：深圳万科　　　　　　　　　　主设计师：韩松　　　　　　　　　　收稿时间：2012年
室内设计：深圳市昊泽空间设计有限公司　　项目面积：354平方米　　　　　　供稿：韩松
项目地点：广东 东莞　　　　　　　　　主要材料：西乃珍珠、马赛克、橡木、仿古砖　采编：何晨霞

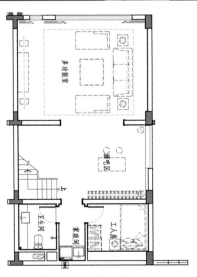

负一层平面布置图

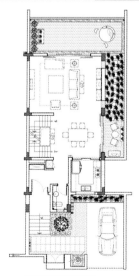

一层平面布置图

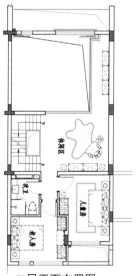

二层平面布置图

三层平面布置图

家居设计实质上是对生活的设计。东南亚式的设计风格，其崇尚自然、原汁原味，注重手工工艺而拒绝同质的精神，符合时下人们追求健康环保、人性化以及个性化的价值理念。于是迅速深入人心，审美观念也迅速升华为一种生活态度。

该案华美而不失文化气息，房间均以米黄色调为主，线条简洁、明快。客厅中悬挂着造型独特的吊灯，衬以明亮的落地玻璃窗和洁净的天然石地板，将奢华的地域风格完美地呈现出来，带给人尊贵的现场体验。客厅沙发一侧摆放着东南亚风格的屏风，同时配有简洁舒适的家具为室内家居增添了几分生活气息。此外，设计者通过运用赋予异域特色的木雕、拼花马赛克、墙纸、艺术涂料等设计语言相互调和，强调了异域文化在室内设计中的感染力，置身其中，使我们感受到浓郁的异域风情。卧室设计简洁、温馨，营造出舒适的睡眠环境，在这里，不再有工作的艰辛、生活的负担，只有单纯的放松和私享。

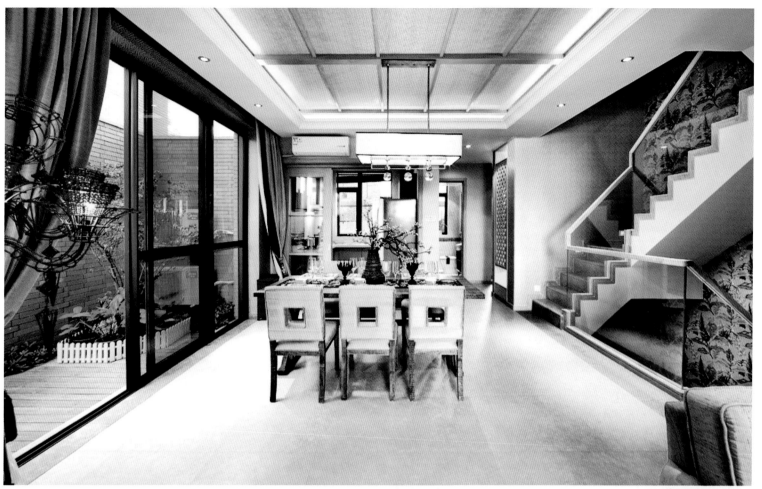

浓郁的色彩，丰富的图案，天然材质的家具，这些都是东南亚设计风格所应有的特点，东南亚风格根据地域特点，营造的随性不羁的居住场所，给人以轻松自由的感觉，正因如此，这种生活态度正在被越来越多的生活在都市里的人们接受。求品位，更需要自由。

营造随性不羁的居住场所

苏州花样年地产太湖天城别墅样板房(D3户型)

开发商：花样年集团（中国）有限公司　　主设计师：韩松　　　　　　　　　　收稿时间：2013年
室内设计：深圳市昊泽空间设计有限公司　项目面积：94平方米　　　　　　　　供稿：花样年集团（中国）有限公司
项目地点：江苏 苏州　　　　　　　　　主要材料：西奈珍珠、银钻米黄、瓷砖、橡木、彩色乳胶漆　采编：何晨霞

本案以其绚丽的色彩，精致的配饰，展现了东南亚家居迷人的风情。客厅运用多种色彩搭配，明黄色的天花温暖明亮，大地颜色的花草图案地毯充满自然之趣，木色的茶几、单椅古色古香，紫色、绿色的布艺沙发和靠背富贵典雅，莲花图案的木雕、土陶瓷茶具，富有民族色彩的配饰等更为设计加分。在空间布局上，客厅两面临窗，一面靠墙，形成独立空间的同时采光好，观景效果佳。设计师以棕色铺展空间，以木色、金色配饰装饰空间，和谐统一。主卧更是清雅迷人。白色床幔环绕大床，坠落到棕色木地板上，荡漾着东南亚家居独有的风情，暗黄色的床上用品皆是由上等的缎面做成，床尾圆形的充满异域色彩的装饰品与之搭配，折射了主人尊贵的生活品味。舒适的飘窗给主人留下了广阔的个性化空间。

本案在奢华主义里融入东南亚风情，让东南亚风情有了更肥沃的土壤，东南亚风情注重自然随性，色泽浓郁敦厚，奢华主义则讲究形制规格，追求空间气势。两者在本案空间的结合，既获得了居住空间人性化的需要，也满足了居住者对生活品位的追求，刚柔相济，相得益彰。

将东南亚风情融入奢华主义

安徽华地紫园1101样板间

开发商：安徽华地置业有限公司　　主设计师：王冠　　　　　　竣工时间：2012年
室内设计：深圳矩阵纵横设计　　　项目面积：158平方米　　　供稿：安徽华地置业有限公司
项目地点：安徽 合肥　　　　　　主要材料：西乃珍珠、马赛克、橡木、仿古砖　　采编：黄安定

本案设计师以创造居住者不同层面的生活需求为出发点，将东南亚风情融入到奢华主义里，硬装以奢华主义为主，软装偏向于东南亚风情，设计师的聪明之处，就在于对两种风格的特点有深刻的了解，同时将两种风格的特点发挥得恰到好处，既满足了居住者对生活品位的需要，又能保证居住空间的舒适性，刚柔相济，相得益彰。

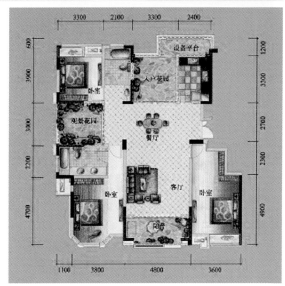

原始平面图

泰式是一种比较独特的风格，它既长期处于东方佛教文化的影响又受欧洲国家的入侵的状态使其装饰风格上多元化。泰式风格大体上可以笼统的分成两大部分：一种是糅合浓烈的东方情趣的亚热带风格，一种是搀杂着欧式与异域文化的东南亚风格。

东南亚的华丽

武汉金地格林春岸泰式样板间

开发商：金地集团武汉房地产开发有限公司　　　主设计师：韩松　　　　　　　　　　　收稿时间：2013年
室内设计：深圳市昊泽空间设计有限公司　　　　项目面积：354平方米　　　　　　　　　供稿：韩松
项目地点：湖北　武汉　　　　　　　　　　　　主要材料：西乃珍珠、马赛克、橡木、仿古砖　采编：何晨霞

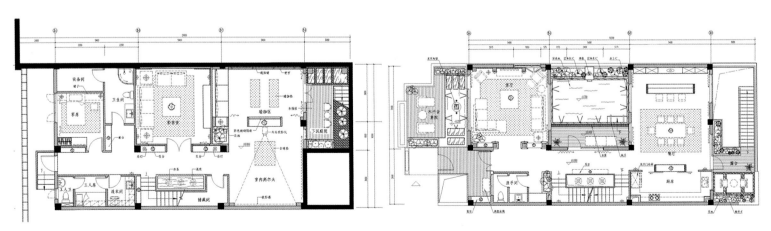

负一层平面布置图　　　　　　　　　　　　　　一层平面布置图

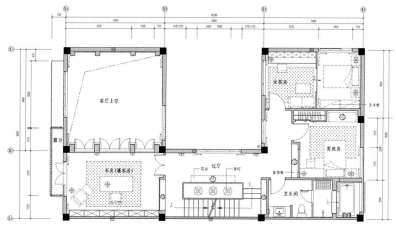

二层平面布置图

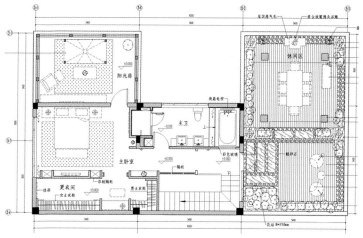

三层平面布置图

泰式是一种比较独特的风格，它既长期处于东方佛教文化的影响又受欧洲国家的入侵的状态使其装饰风格上多元化。泰式风格大体上可以笼统地分成两大部分：一种是糅合浓烈的东方情趣的亚热带风格，一种是搀杂着欧式与异域文化的东南亚风格。金地格林春岸位于武汉金银湖畔，三面环水。地处优质的自然环境，并且充分保护现有半岛生态。泰式风格的样板间充分的利用了现有环境，为社区和室内空间增色不少。